“十四五”国家重点图书出版规划项目
2020年度国家出版基金资助项目
第八届中华优秀出版物（图书）奖
2022年度“中国好书”

（第二辑）

全景看·国之重器

无人智造

安若水 著 / 熊 伟 主编 / 张 杰 总主编

北方联合出版传媒（集团）股份有限公司
辽宁少年儿童出版社
沈 阳

图书在版编目（CIP）数据

无人智造 / 安若水著；熊伟主编. — 沈阳：辽宁少年儿童出版社，2022.1（2023.5 重印）
（AR全景看·国之重器 / 张杰总主编. 第二辑）
ISBN 978-7-5315-8974-7

Ⅰ. ①无… Ⅱ. ①安… ②熊… Ⅲ. ①无人值守—中国—少年读物 Ⅳ. ①TN925-49

中国版本图书馆CIP数据核字（2022）第021285号

无人智造
Wuren Zhizao
安若水 著　熊　伟 主编　张　杰 总主编
出版发行：北方联合出版传媒（集团）股份有限公司
　　　　　辽宁少年儿童出版社
出 版 人：胡运江
地　　址：沈阳市和平区十一纬路25号
邮　　编：110003
发行部电话：024-23284265　23284261
总编室电话：024-23284269
E-mail:lnsecbs@163.com
http://www.lnse.com
承 印 厂：鹤山雅图仕印刷有限公司

策　　划：张国际　许苏葵
责任编辑：武海山　胡运江
责任校对：李　爽
封面设计：精一 · 绘阅坊
版式设计：精一 · 绘阅坊
插图绘制：精一 · 绘阅坊
责任印制：吕国刚

幅面尺寸：210mm × 284mm
印　　张：3　　　　字数：60千字
插　　页：4
出版时间：2022年1月第 1 版
印刷时间：2023年5月第 4 次印刷
标准书号：ISBN 978-7-5315-8974-7
定　　价：58.00 元

AR使用说明

1 设备说明

本软件支持Android4.2及以上版本，iOS9.0及以上版本，且内存（RAM）容量为2GB或以上的设备。

2 安装App

①安卓用户可使用手机扫描封底下方“AR安卓版”二维码，下载并安装App。

②苹果用户可使用手机扫描封底下方“AR iOS版”二维码，或在App Store中搜索“AR全景看·国之重器”，下载并安装App。

3 操作说明

请先打开App，将手机镜头对准带有 AR 图标的页面（P14），使整张页面完整呈现在扫描界面内，AR全景画面会立即呈现。

4 注意事项

①点击下载的应用，第一次打开时，请允许手机访问“AR全景看·国之重器”。

②请在光线充足的地方使用手机扫描本产品，同时也要注意防止所扫描的页面因强光照射导致反光，影响扫描效果。

丛书编委会

主编简介

总主编

张杰：中国科学院院士，中国共产党第十八届中央委员会候补委员，曾任上海交通大学校长、中国科学院副院长与党组成员兼中国科学院大学党委书记。主要从事强场物理、X射线激光和“快点火”激光核聚变等方面的研究。曾获第三世界科学院(TWAS)物理奖、中国科学院创新成就奖、国家自然科学二等奖、香港何梁何利基金科学技术进步奖、世界华人物理学会“亚洲成就奖”、中国青年科学家奖、香港“求是”杰出青年学者奖、国家杰出青年科学基金、中科院百人计划优秀奖、中科院科技进步奖、国防科工委科技进步奖、中国物理学会饶毓泰物理奖、中国光学学会王大珩光学奖等，并在教育科学与管理等方面卓有建树，同时极为关注与关心少年儿童的科学知识普及与科学精神培育。

分册主编

孙京海：国家天文台青年研究员。本科毕业于清华大学精密仪器与机械学系。研究生阶段师从南仁东，开展500米口径球面射电望远镜馈源支撑系统的仿真分析和运动控制方法研究。毕业后加入国家天文台FAST工程团队工作。

李向阳：“蛟龙”号试验性应用航次现场副总指挥，自然资源部中国大洋矿产资源研究开发协会办公室科技与国际合作处处长。

庞之浩：教授，现为中国空间技术研究院研究员，全国空间探测技术首席科学传播专家，中国空间科学传播专家工作室首席科学传播专家，卫星应用产业协会首席专家，《知识就是力量》《太空探索》《中国国家天文》杂志编委。其主要著作有《宇宙城堡——空间站发展之路》《登天巴士——航天飞机喜忧录》《太空之舟——宇宙飞船面面观》《中国航天器》等。主持或参与编著了《探月的故事》《载人航天新知识丛书》《神舟圆梦》《科学的丰碑——20世纪重大科技成就纵览》《叩开太空之门——航天科技知识问答》等。

赵建东：供职《中国自然资源报》，多年来，长期从事考察极地科学研究工作并跟踪报道。2009年10月—2010年4月，曾参加中国南极第26次科学考察团，登陆过中国南极昆仑站、中山站、长城站三个科考站，出版了反映极地科考的纪实性图书——《极至》，曾牵头出版《建设海洋强国书系》，曾获得第23届中国新闻奖，在2016、2018年获得全国优秀新闻工作者最高奖——长江韬奋奖提名。

熊伟：《兵器知识》杂志社副主编。至今已在《兵器知识》《我们爱科学》等期刊上发表科普文章200余篇；曾参与央视七套《军事科技》栏目的策划，撰写了《未来战场》《枪械大师》系列片的脚本文案，央视国防军事频道的《现代都市作战的步兵装备》等脚本文案；曾担任《中国科普文选（第二辑）· 利甲狂飙》一书主编。

序

我国科技正处于快速发展阶段，新的成果不断涌现，其中许多都是自主创新且居于世界领先地位，中国制造已成为我国引以为傲的名片。本套丛书聚焦“中国制造”，以精心挑选的六个极具代表性的新兴领域为主题，并由多位专家教授撰写，配有500余幅精美彩图，为小读者呈现一场现代高科技成果的饕餮盛宴。

丛书共六册，分别为《“嫦娥”探月》《“蛟龙”出海》《“雪龙”破冰》《“天宫”寻梦》《无人智造》《“天眼”探秘》。每一册的内容均由四部分组成：原理、历史发展、应用剖析和未来展望，让小读者全方位地了解“中国制造”，认识到国家日益强大，增强民族自信心和自豪感。

丛书还借助了AR（增强现实）技术，将复杂的科学原理变成一个个生动、有趣、直观的小游戏，让科学原理活起来、动起来。通过阅读和体验的方式，引导小朋友走进科学的大门。

孩子是国家的未来和希望，学好科技，用好科技，不仅影响个人发展，更会影响一个国家的未来。希望这套丛书能给小读者呈现一个绚丽多彩的科技世界，让小读者遨游其中，爱上科学研究。我们非常幸运地生活在这个伟大的新时代，我们衷心希望小读者们在民族复兴的伟大历程中筑路前行，成为有梦想、有担当的科学家。

中国科学院院士

目 录

第一章 探秘无人平台

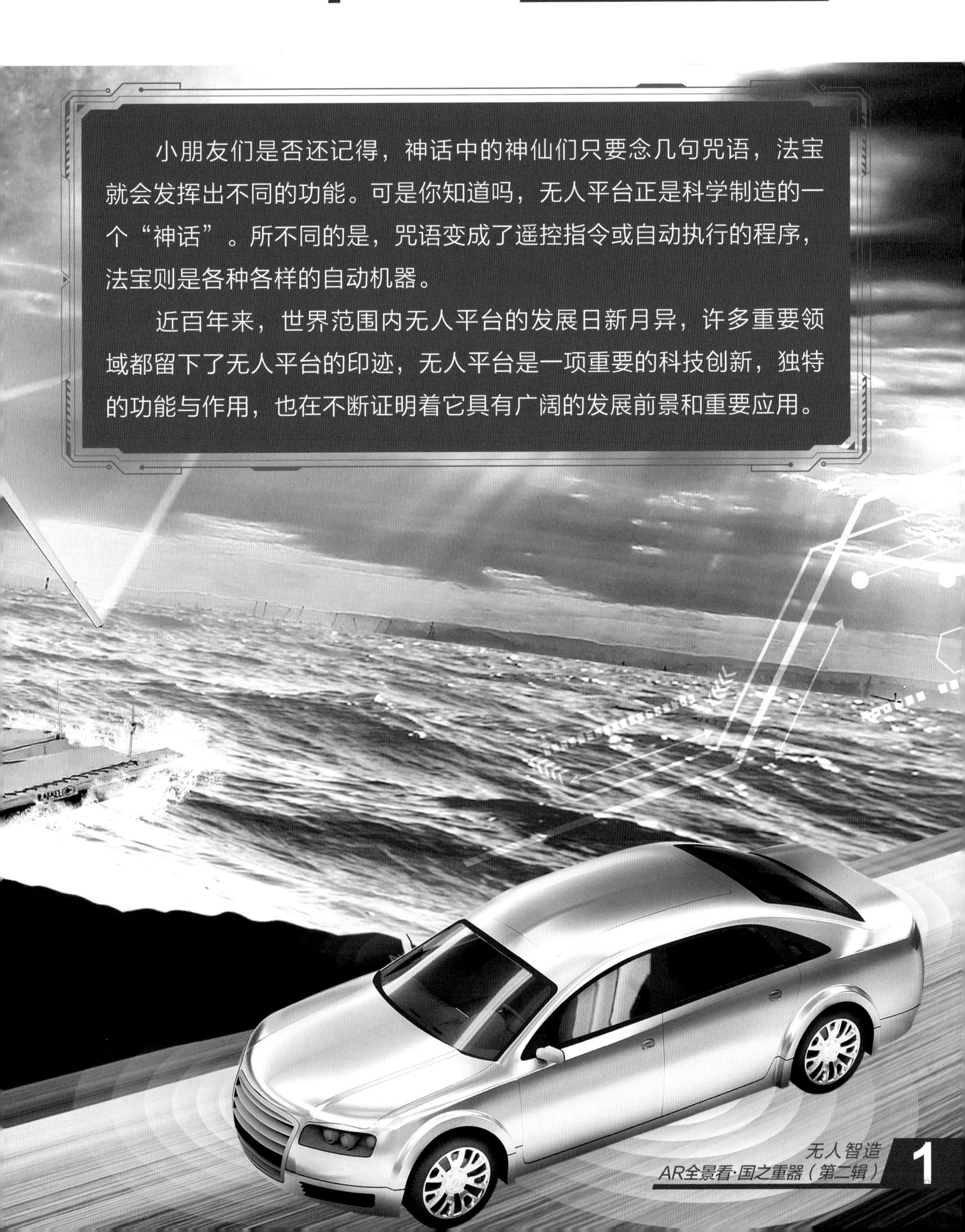

小朋友们是否还记得，神话中的神仙们只要念几句咒语，法宝就会发挥出不同的功能。可是你知道吗，无人平台正是科学制造的一个“神话”。所不同的是，咒语变成了遥控指令或自动执行的程序，法宝则是各种各样的自动机器。

近百年来，世界范围内无人平台的发展日新月异，许多重要领域都留下了无人平台的印迹，无人平台是一项重要的科技创新，独特的功能与作用，也在不断证明着它具有广阔的发展前景和重要应用。

第一节 分门别类的无人平台

目前，在人类活动所及的海、陆、空范围内，都有无人平台的存在。海上无人平台主要包括无人水面舰艇和无人潜航器（水下机器人）；陆上无人平台主要包括不同领域不同功能的机器人、军用无人战车，以及民用的各类无人驾驶车辆；空中无人平台主要包括军用无人机与民用无人机。

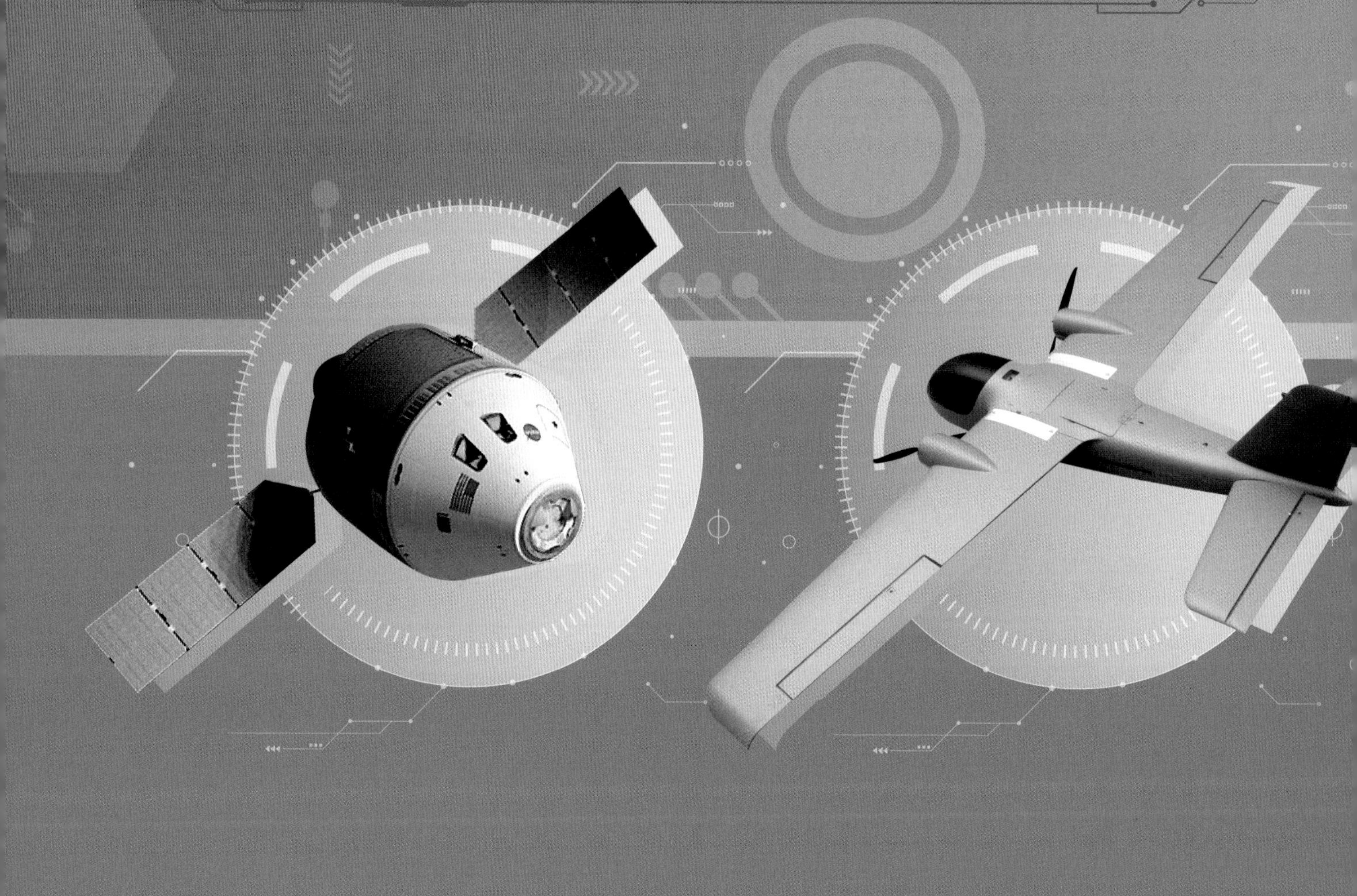

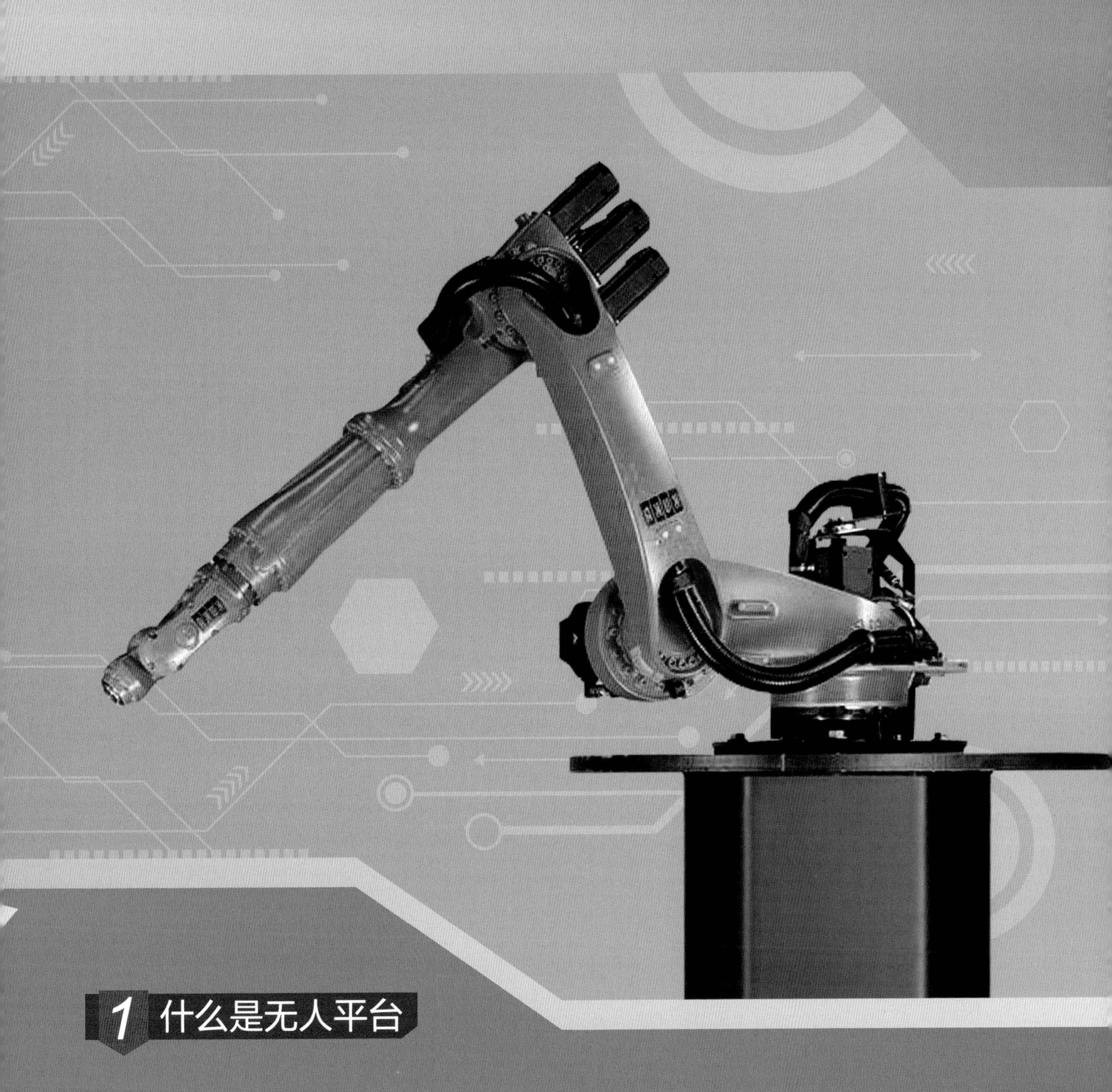

1 什么是无人平台

通俗一点说，无人平台指的是这样一种设备：它能通过接收遥控指令，或按照自己内部预先设定的程序，让相应的设备自主工作，不需要人在它上面现场操作。按无人平台的功能属性，有些无人平台能够应对随机性突发事件，比如无人机、火星探测器等；而有些无人平台只能完成特定任务，比如汽车生产线上进行焊接的工业机器人等。

2 无人平台的分类

通常，无人平台可以按所应用的领域划分出许多类别，每个类别根据自主性水平又可以划分为不同的技术等级。比如需要操作员时刻遥控的，自主性水平最低；给它画条路线后，它就能自己开过去、飞过去，不再需要人管的，就高一点儿；给个坐标，它能自己规划路线，就是自主性水平更高一级的；说句“去冰箱那儿给我拿瓶饮料过来”，它就能自己跑去冰箱那儿找出饮料，那就是很高级的等级了。总的来说，无人平台是自动化技术的发展与延伸，是高技术领域中多学科交叉的技术结晶，集中了当今科学技术的许多尖端成果。

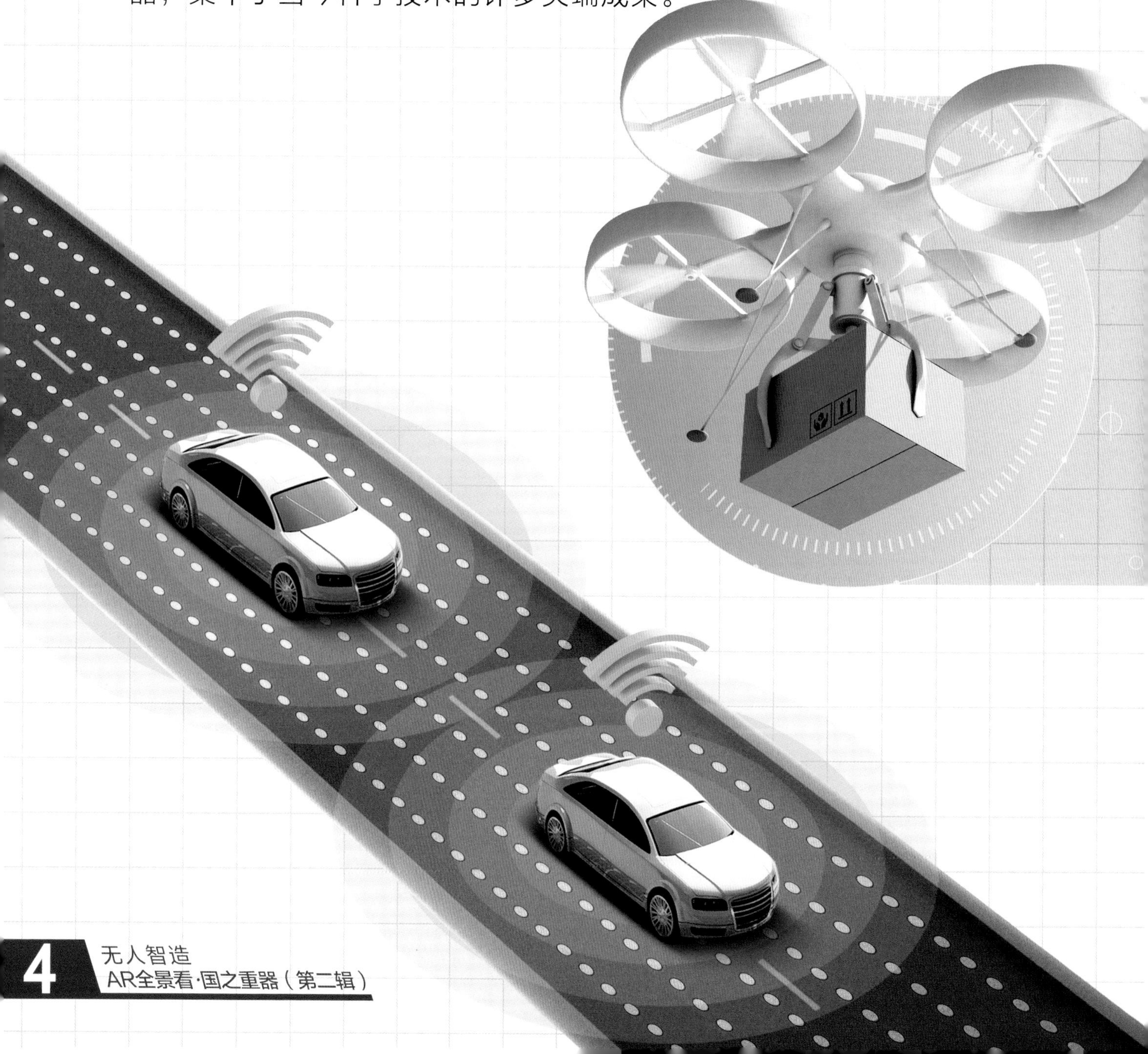

第二节 无人平台的广泛应用和发展意义

目前，无人平台已在生活中得到了广泛的应用，未来社会发展中对无人平台的需求日益增多。一方面，一些特殊领域，比如检查高压线路、探测污染源、在高原巡逻，这种对人类生命安全有高风险的行业，对无人平台的需求有增无减。另一方面，无人平台应用可以极大提高社会生产效能。比如用无人艇进行海洋探测，成本相对较低。因此，世界各国不约而同将无人平台的研发作为国家发展战略。

IAI
SUPER HERON
龙
蛟

第二章

无人平台的发展历程与发展趋势

人类尝试制造自动化机器的历史可以追溯到很久之前，据记载，春秋时期著名工匠鲁班曾用竹片制作了一只飞鸟，能够在天上连续飞3天。相传春秋时期的周穆王还曾因被人操控的人偶调戏妃子而发怒。可见，自动化机器在春秋时期就有了雏形。

而通常认为，现代意义上的无人平台起始于第一次世界大战爆发后的1914年，这一年英国制造出世界上首架无线电遥控无人机。发展至今，大到航天，小到扫地，都有无人平台的影子。

第一节 先辈们的积极探索

中外历史上有许多关于自动化机器的故事，流传较广的如中国的“木牛流马”、日本的“射箭童子”、欧洲的“发条骑士”等。

1 木牛流马的传说

据说中国历史上的三国时期，有一项很有意思的发明，那就是大名鼎鼎的蜀国军事家诸葛亮发明的木牛流马。大家都知道，蜀国就是今天的四川，道路多为山路，诸葛亮北伐魏国之时，常因山路难行，后勤保障不及时而耽误军事行动。于是，诸葛亮就发明了适合走山路的木牛流马。

木牛流马外形如牛，步态如马，承载量200千克以上，走起山路来十分便捷，每日行程能达到15千米，既降低了运粮的难度，也提高了运粮的效率，有力地支持了对魏作战。

这虽然是传说，但正是人类对特殊移动平台、运输工具的渴望。

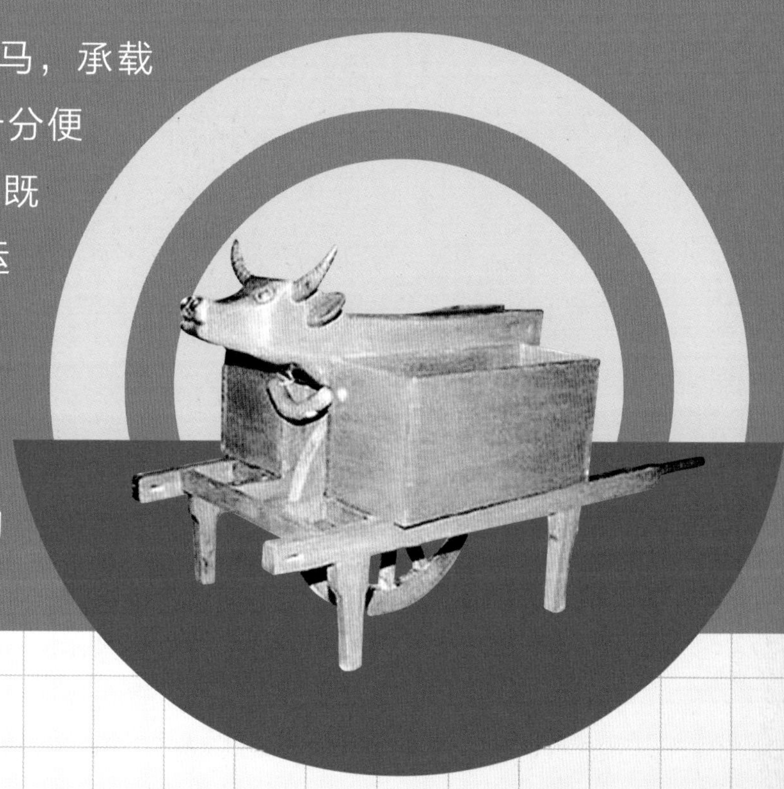

2 射箭童子

大约200年前，日本工匠田中久重发明了一个很有趣的机器人——射箭童子。射箭童子是以发条作为动力，用线绳、齿轮来帮助完成精准动作。

射箭童子射箭时，可以完成拔箭、搭弦、瞄靶、射箭等一系列动作，和真人一样，用右手的大拇指和食指持箭，放到弓弦上，左手持弓，然后通过伸直左手拉满弓，向目标射出。

最奇妙的是，它的表情也会随着射箭过程而变化，瞄准时的表情认真，射中时表情高兴，射偏时也会表现出不甘心，堪称人类机械制造工艺的巅峰之作，日本也把它看作是日本机器人的鼻祖。

3 发条骑士

据传发条骑士是500多年前欧洲文艺复兴时期科学巨匠达·芬奇的设计，但达·芬奇是否真的造出了发条骑士则无从考证。人们现在所说的发条骑士，是一位意大利人根据达·芬奇留下的手稿制造出来的。

发条骑士是一个身披铠甲、可以挥动手臂的机器战士，头部和下巴可以像真人一样活动，能够做出简单的摇头、张嘴、挥手等动作，甚至还可以做一些简单的战术动作。这也许就是人类最早的把机器变成战士的设想。

第二节 无人作战平台向民用无人系统的转变

近年来，无人作战平台开始逐渐向民用无人系统转变，比如，原本属于无人作战平台的无人机系统，开始转变为民用无人机系统，并在农业生产、救灾抢险中发挥出重要作用；原本属于无人作战平台的自动驾驶技术（无人战车）开始转变为无人驾驶交通工具技术；原本属于无人作战平台的潜航器转变为海洋科考工具等。

WR204

第三章 家族庞大的无人平台

我们通常所说的无人平台是一个庞大的家族，拥有无数张风貌各异的面孔。从天空到陆地，从海洋表面到深海海底，分门别类的无人平台遍布生产、科研中的各个领域，承担着人类赋予的特殊使命，发挥着各自独特的功能与作用。

客观地看，无人平台既是科学技术的进步，也是对科学发展的推动力量，同时，无人平台对提高社会效能、改变人们的生活方式具有重要作用。

第一节 神通广大的无人机

无人机是无人平台家族的长子，从1914年英国制造出世界上第一架无人机至今，无人机平台已发展成为无人平台家族中种类最丰富、数量最多的族群。

通常，无人机有五项核心技术：机体结构设计技术、机体材料技术、飞行控制技术、通信遥控技术、信息回传技术。在无人机技术上，我国后来居上，目前处于世界领先水平，国产大疆无人机约占全球无人机生产总量的80%。

1 固定翼无人机

“全球鹰”无人机

“全球鹰”是美国研发的无人机产品，服役于空军、海军，它是滞空时间最长、飞行距离最远的军用无人机。

“全球鹰”无人机机身长13.4米，高4.62米，翼展35.4米，最大飞行速度644千米/小时，可以从美国本土起飞到达全球任何地点进行侦察。

机上载有合成孔径雷达、电视摄像机、红外探测器三种侦察设备以及防御性电子对抗装备和数字通信设备。

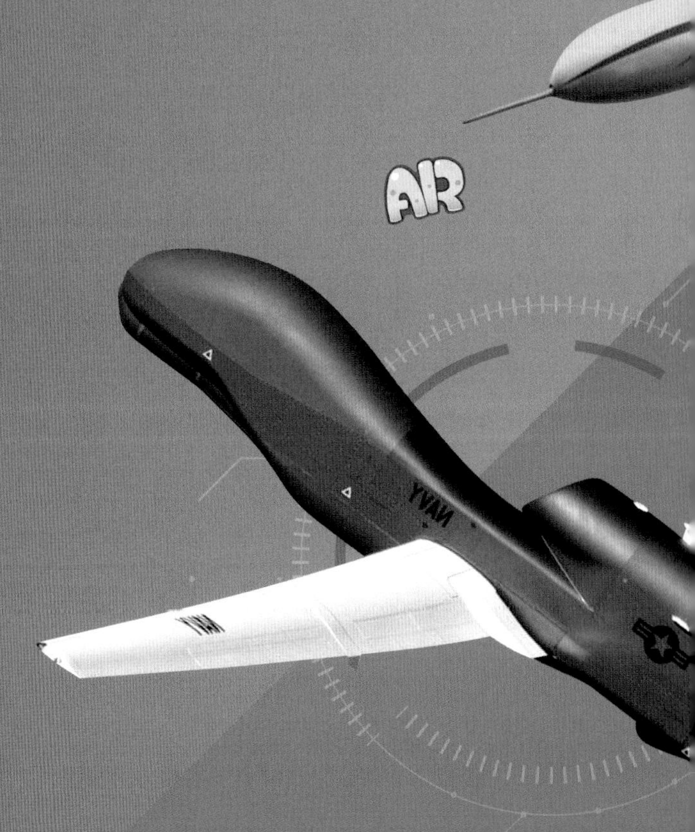

“翼龙”无人机

“翼龙”无人机是由中航成都飞机集团开发的一种中低空、军民两用、长航时多用途无人机。它分两种型号：“翼龙I”和“翼龙II”。

“翼龙I”由100马力的涡轮增压发动机提供动力，驱动设备安装在机身后部的三叶螺旋桨上，机身长9米，最高飞行速度可以达到280千米/小时，作战半径4000千米，最高飞行高度约为5千米。

“翼龙II”是翼龙家族的第二代无人机系统，是“翼龙I”的改进版本。

WJ-600高速无人机

WJ-600无人机是一种高空高速无人机，由航天科工集团研制。它的飞行速度可达720千米/小时，最高飞行高度超过万米。

WJ-600无人机采用了大展弦比上单翼、单垂尾的气动布局，尾部装有一台涡轮喷气发动机，具有速度快、突防能力强的特点。它能够执行对地攻击、电子战、信息中继等多种军事任务。

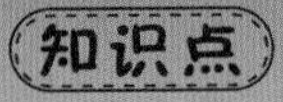

知识点

展弦比

工程技术名词，指机翼长度的平方除以机翼的面积。大展弦比代表的机翼长而窄，相同条件下，展弦比大的机翼，更适合低速高空飞行。

中国无人机——挽救巴黎圣母院钟楼

2019年春季的一个晚上，法国著名地标巴黎圣母院钟楼起火，塔尖坍塌，屋顶烧毁。消防员想将梯子搭在圣母院的墙上救火，又担心损坏百年的城墙，无计可施时，法国文化部借来了两架无人机。

这两架无人机就是中国大疆公司的产品，消防员利用无人机的光学和电子变焦系统，在高空对火灾现场进行动态追踪，据此制订了妥善的救火方案，拯救了巴黎圣母院钟楼。

送外卖的无人机

送外卖的无人机是投入商业运营的餐点配送无人机。在配送过程中，无人机飞行距离约占配送全程的70%，两名骑手将外卖装运上无人机，无人机将餐点送到指定地点再完成交接。只要不是极端特殊天气，如大风天，无人机都能正常运行。

外卖下单时，消费者会在订单界面看到“无人机骑手”5个字，从下单开始，平均仅需20分钟，客户就能收到外卖。

送快递的无人机

无人机配送是由无人驾驶的低空飞行器运载包裹自动送达目的地。它的核心模块由快递无人机、自助快递柜、快递盒、快递集散分点、快递集散基地、区域调度中心构成。

无人机能有效提高配送效率，减少人力和运力成本。但在部分偏远地区，无人机配送带来的收益可能远远不够进行无人机网点建设、支付维修费用，因此，偏远地区的无人配送成本较高。

3 扑翼无人机

“信鸽”仿生无人机

“信鸽”仿生无人机是一种模仿信鸽飞行的新型无人机，它由西北工业大学的专家领衔设计，机上载有高清摄像头、GPS天线、飞行控制系统和卫星通信数据链，可以把发现的情报及时传送回指挥部。“信鸽”仿生无人机虽已进入了应用，但目前尚未得到普及。

抬头望去，它就像一只飞行的鸽子，但是它却可能正在对地面进行着监视。它可以混入鸟群中飞入军事禁区，充当“间谍鸟”的角色。

在军事上，“信鸽”主要应用于边境巡逻、搜集情报、反恐侦察等领域。尽管从技术成熟度上讲，“信鸽”还处于初期阶段，但技术优势还是十分突出的。

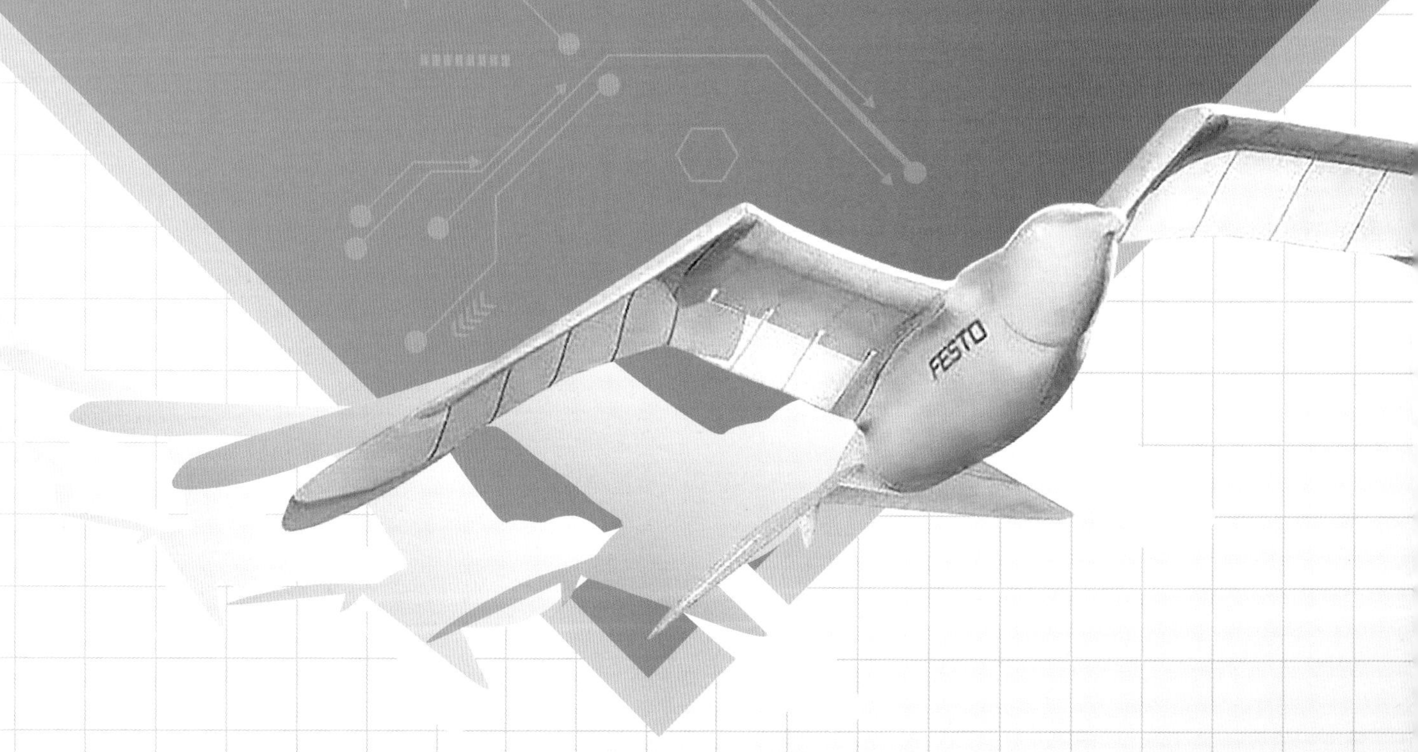

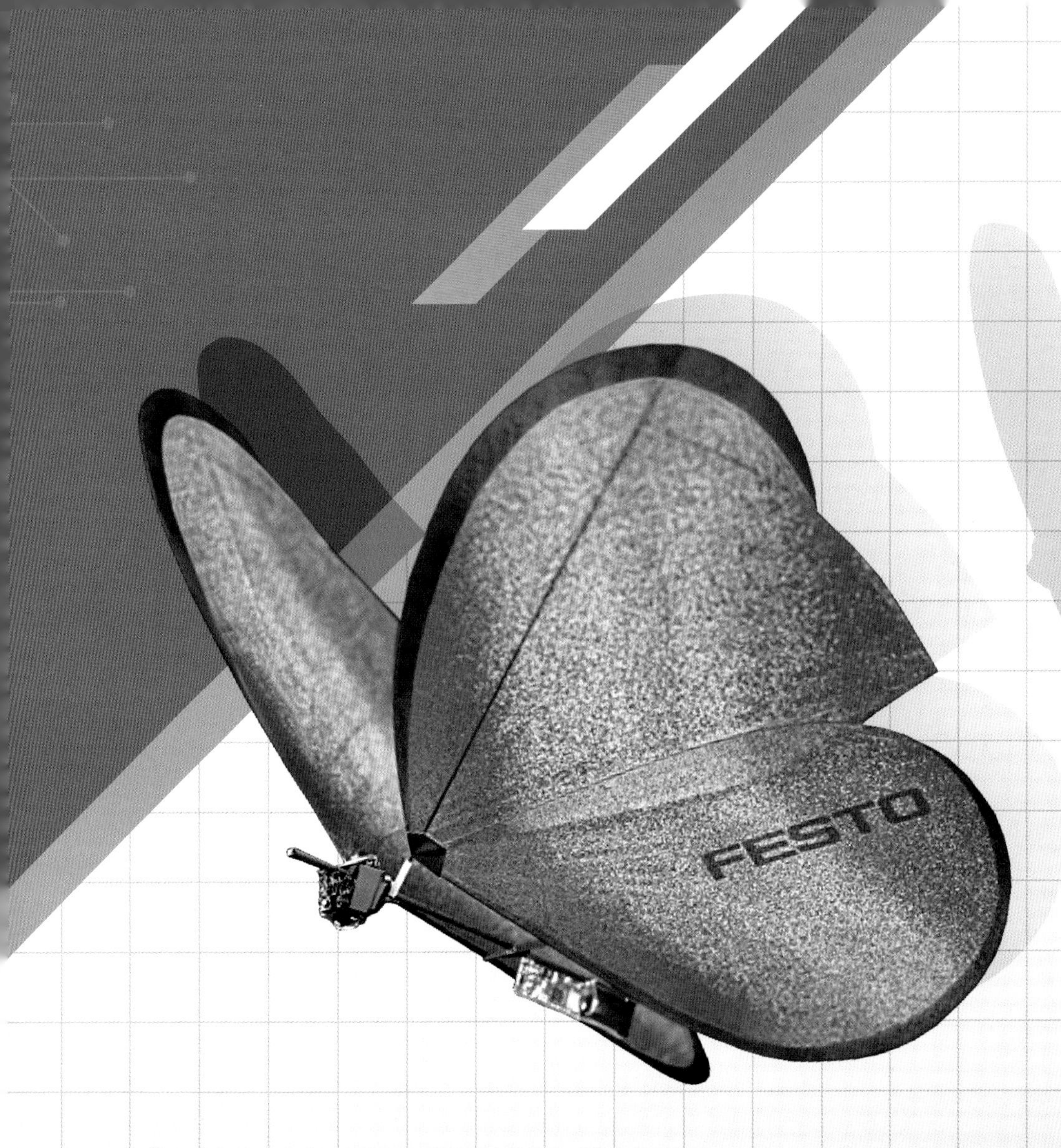

Festo的仿生蝴蝶

仿生蝴蝶是德国一个家族企业Festo制造的机器“蝴蝶”。它的身体构造材料是覆有超薄弹性电容膜的碳纤维，翼展长度50厘米，配有IMU（一种测量装置）、陀螺仪、加速计、指南针等，还有两个90毫安的聚合物电池等，但总重量却很轻，只有32克，看上去和真的蝴蝶一模一样。虽然它看上去很美，但是这样轻巧的体型也意味着它不能携带传感器，只能依靠外部摄像机进行拍摄。

仿生蝴蝶的两台电机各自驱动一只翅膀，两只翅膀扑动的速度每秒1~2次，最高飞行速度能达到2.5米/秒，并具有集体活动能力，多只蝴蝶在一个空间里飞行也不会相撞，不过，每飞3~4分钟就得充一次电。看来，制约仿生机器能力的仍然是最平常不过的电池。

第二节
十八般武艺的无人车

无人平台家族中离生活最近的要数无人车了。民用无人车核心技术主要为激光雷达、定位、数字地图、图像识别等技术。激光雷达可以精确探测周边物体，配合图像识别等技术来认出障碍物、交通指示，结合定位信息、数字地图确定自己的行进路线。

目前，无人驾驶技术等级一般分为辅助驾驶、部分自动化、条件自动化、高度自动化、完全自动化五个等级。仅从交通工具角度出发，在天气适应能力、载荷、连续运行时间上无人车较无人机有明显优势，未来有巨大的发展潜力。

1 轮式无人车

“玉兔”号轮式无人车

对于许多人来说，最著名的无人车要数“玉兔”号月球车了。“玉兔”号月球车外观呈长方形盒状，长1.5米，宽1米，高1.1米，因月球的特殊性，设计时采用了轮式。

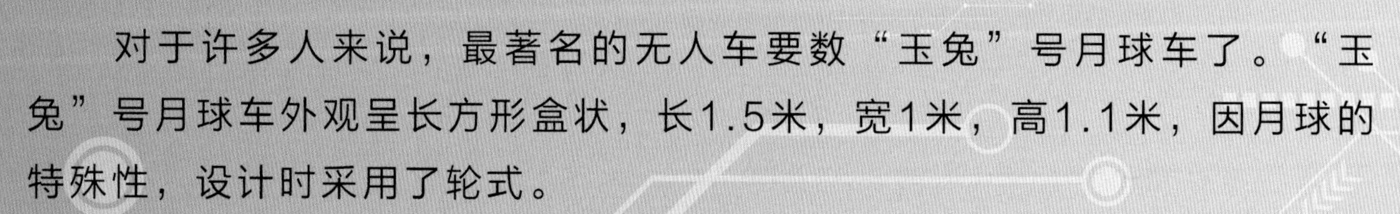

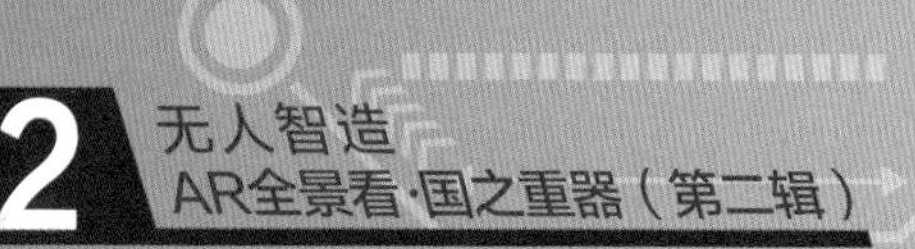

“玉兔”号月球车和着陆器共同组成了“嫦娥三号”探测器，2013年12月在西昌卫星发射中心被成功送入轨道。“玉兔”号月球车由着陆器背负，通过光学、微波等敏感器测量，在月球上空悬停、平移、避障、选择着陆点，最后安全降落在月球表面，并顺利完成了探测任务。

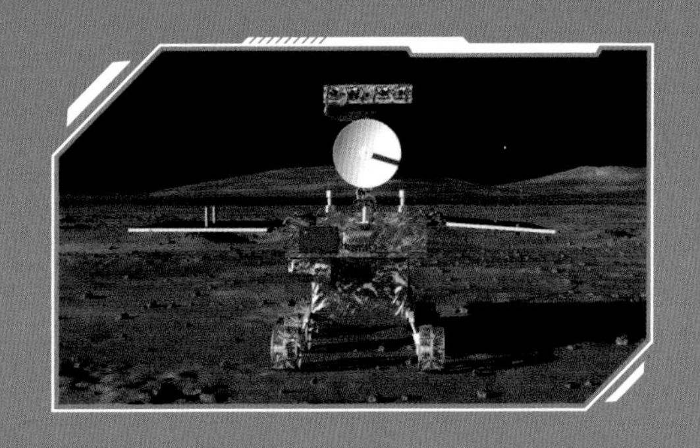

“猛士”轮式无人车

“猛士”轮式无人车是我国自主开发设计的军用无人车，采用了19项新工艺与新材料，全部15项战技指标有12项超过美军“悍马”。新型“猛士”为1.5吨级4x4车型，可配备重机枪、高射机枪、榴弹发射器等武器转盘以及导弹发射平台。

更重要的是，“猛士”能够进行自主地图建构和自主定位，而不必依赖卫星导航，这一点，决定了“猛士”成为真的猛士。

“阿波龙”无人驾驶巴士

“阿波龙”无人驾驶巴士是我国首辆商用级无人驾驶电动巴士，外观车长4.3米，宽2米，核载14人，采用电池动力，最高时速40千米，满电续航100千米。

“阿波龙”无人驾驶巴士配有多方位传感器，能持续监测路面情况、周围物体，具有车流判断、路牌识别、避障、交通指示识别等能力。车身采用了轻型复合材料、整体全弧玻璃、宽幅电动门、自动无障碍爱心通道等新材料和新工艺。

2 履带式无人车

“锐爪1型”履带式无人战车

我国研制的“锐爪1型”履带式无人战车是典型的小型履带式无人战车，长70厘米，高60厘米，全重120千克，操作范围为1千米。

它可以在战场上为班级或排级单位执行近距离侦察、探测和监视任务，也可根据任务需求灵活换装武器，能将7.62毫米班用机枪搭载到平台上。

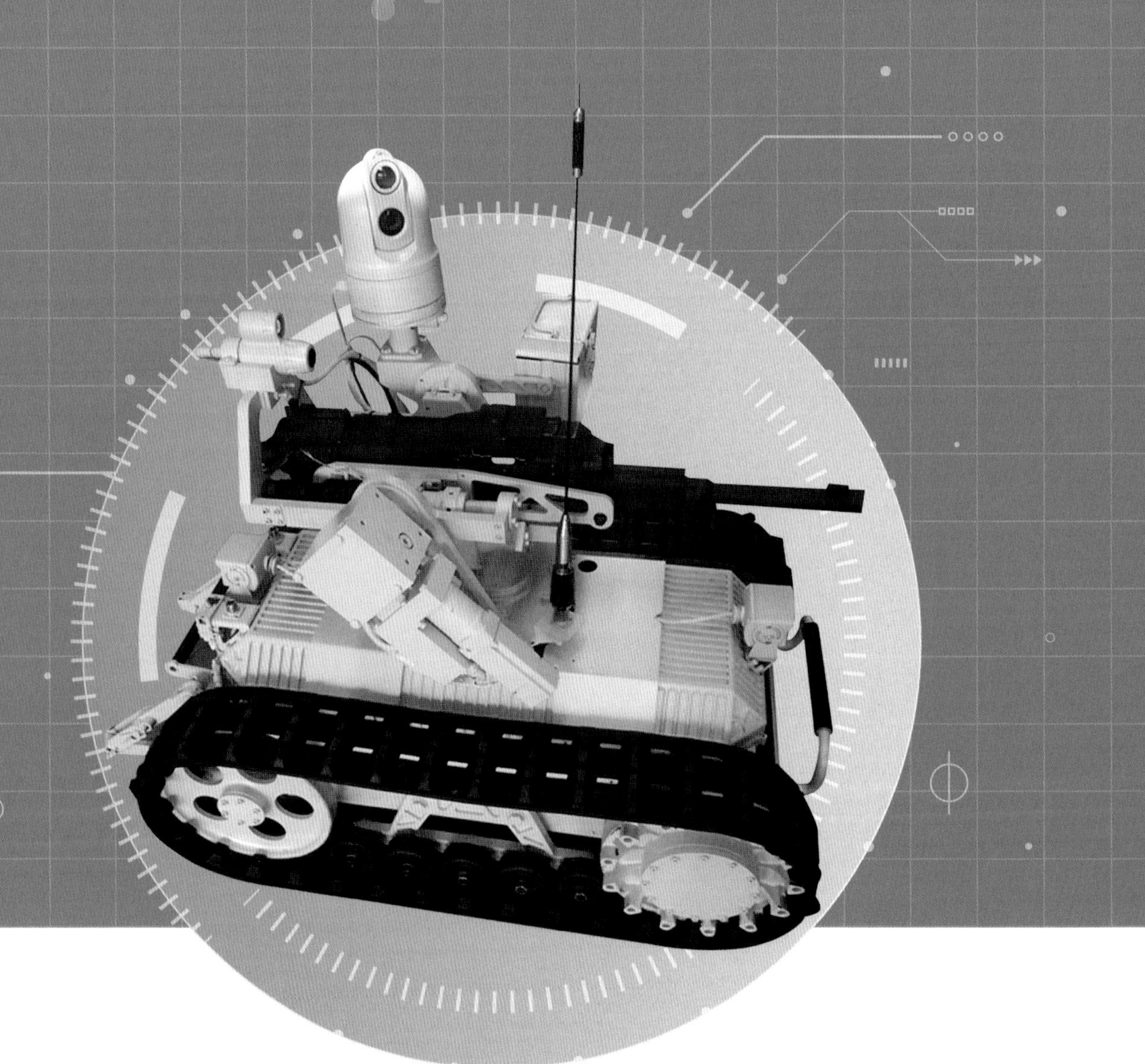

“粗齿锯”履带式无人战车

“粗齿锯”履带式无人战车是美国制造的无人战车，该战车能够以时速97千米的高速穿越凹凸不平的泥泞地面，并具备爬坡度小于或等于45°的爬坡能力，堪称目前世界上速度最快、机动能力最强的装甲陆战车辆。

“粗齿锯”履带式无人战车自重4吨，配有360°旋转的高清摄像机与高敏感度探测器，任何地雷、炸弹、伏兵都难以逃脱它的“法眼”，是难得的陆战利器。

3 轮子上的机器人

轮式无人车在民用领域也有广泛应用。

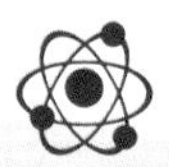

“新石器”无人车

“新石器”无人车是用于物流与售货之用的无人车，具备L4级别自动驾驶技术，使用车联网AI平台，配有激光雷达、超声波等多传感器融合方案以及独立的安全处理单元，具有城市道路低速自动驾驶通行能力。

运营中，“新石器”无人车形成了一套车辆调配、行驶安全、货品管理大数据智能管理体系，用户可以很方便地把售货车“呼唤”到身边，使用微信就可以很方便地下单购物。

"蜗小白"无人驾驶环卫车

"蜗小白"是百度投资研发的无人驾驶环卫车，目前已在多地上岗。"蜗小白"配有激光雷达、摄像头、超声波雷达等传感器，具备闹钟式任务设计、自动加载地图、自动避让行人、智能一键召回、自主泊车入位、OTA升级、大数据分析等功能。

"蜗小白"配有吸尘装置和垃圾桶，具有边清扫边收集边洒水功能，适合承担公园、居民区、工业园区、商圈等区域的环卫任务。

第三节
探秘海洋的无人舰船

在无人平台大家族中，无人舰船的历史可以远溯到二战时期。当时，无人舰船只是作为一次性制导武器使用。20世纪90年代后，随着人工智能与自动化技术的发展，无人舰船才进入快速发展轨道。

无人舰船族群与无人机族群一样，也有许多不同的面孔。

1 水上无人艇

水上无人艇是无人舰船族群中的重要成员。

"天行一号"无人艇

"天行一号"是我国2017年自主研发成功的无人艇，艇身长12.2米，满载排水量达7.5吨，续航能力1000千米，最快航速可达50节，是目前世界上最快的无人艇。

"天行一号"配有最先进的技术控制系统，能够自动对目标进行精准定位和跟踪监测，还可以根据天气和海面环境状况选择不同的航行模式，堪称海洋精灵。

“瞭望者Ⅱ”导弹无人艇

“瞭望者Ⅱ”是我国第一艘导弹无人艇，也是全球第二艘成功发射导弹的无人艇，艇长7.5米，排水量3.7吨，标准续航能力310海里，最大航速45节，具有全自主、半自主、远程遥控、人工驾驶等多种驾驶模式。

“瞭望者Ⅱ”导弹无人艇可以承担海上岛礁、边防水域巡逻警戒任务，具有对海上中小目标实施精确打击的能力，同时，也可以配合两栖部队对近岸目标实施打击。

知识点

航海中“节”的含义是什么

航海中“节”代表的是航速，地球子午线上纬度1分所对应的弧长规定为1海里，航速每小时1海里称为1节，换算成陆地千米计量每节约为1.852千米/小时。

“精海”系列无人艇

“精海”系列无人艇的名字来自神话故事“精卫填海”，目前共有9个型号。“精海”系列无人艇具有半自主、全自主完成作业使命的开放式平台系统，配备有各种传感、侦察、测量等任务载荷，可以搭载并整合水质检测仪、水面安全监察设备、海洋测绘仪设备等专业仪器。

“精海”系列无人艇具有在岛礁、浅滩等常规测量船舶无法深入的、高危险性水域进行作业的能力。

2 水下潜航器

与海面无人艇相比，水下潜航器更具神奇色彩。

 “海翼”号深海无人滑翔机

“海翼”号深海无人滑翔机，是一艘7000米级水下无人潜航器，主要用途为收集海水水文参数信息。

2017年3月，“海翼”号曾在世界最深的海沟——马里亚纳海沟下潜到6329米，打破了世界纪录。此外，它还创造了中国水下滑翔机海上工作时间最长和航程最远的纪录。

同时，“海翼”号深海无人滑翔机采用的多种智能化技术集成，为深渊观测任务提供了新的解决方案。

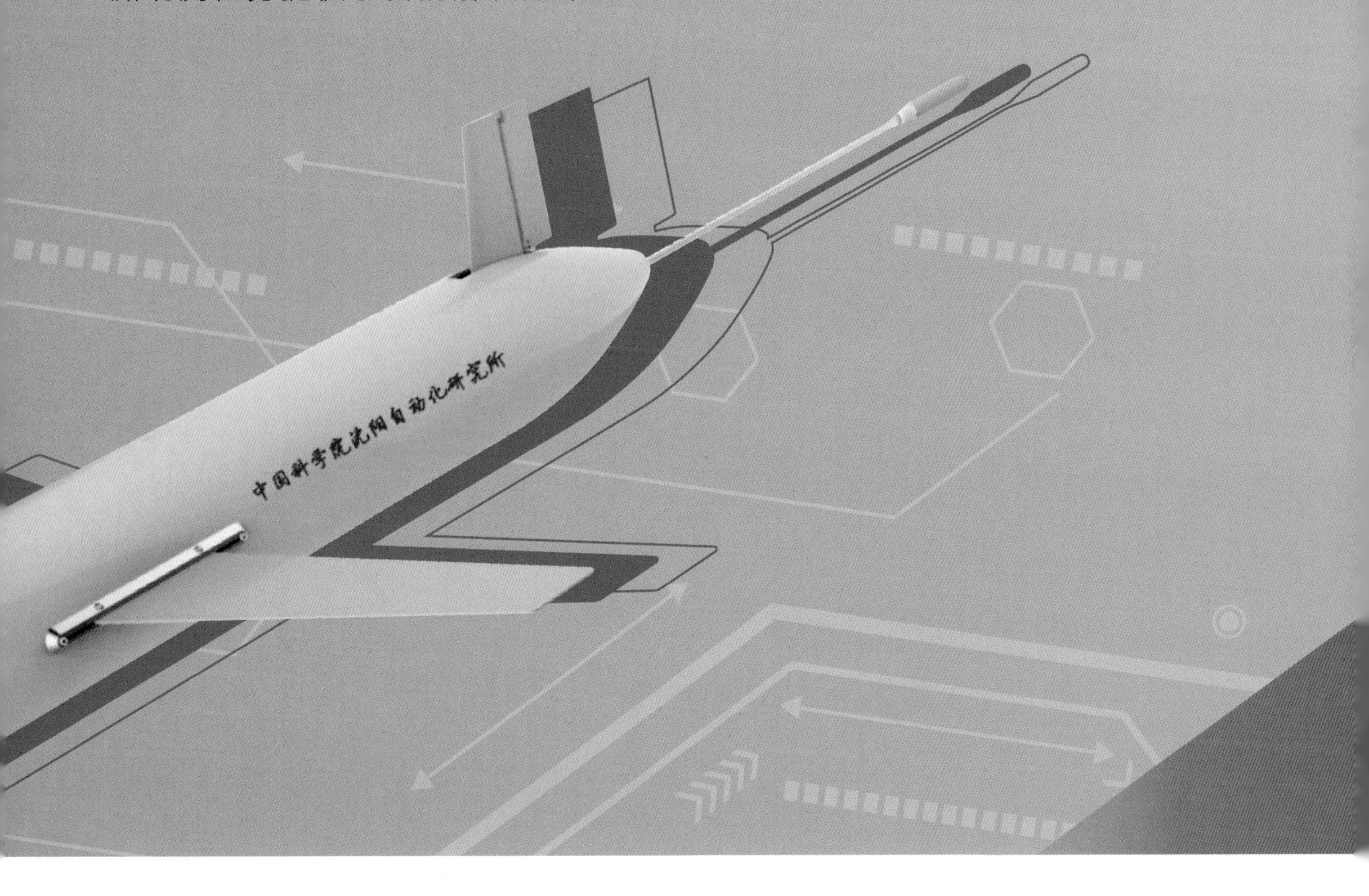

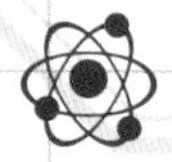

“潜龙三号”无人潜水器

“潜龙三号”是中国自主研制的4500米级无人潜水器，长3.5米，重1.5吨，立扁形身体酷似一条鱼，有“眼睛”，有“嘴”，还有4只“鳍”。“潜龙三号”以“潜龙二号”为基础，进行了全面的技术升级，是目前科技含量较高的无人潜水器。

在深海复杂地形进行资源环境勘察时，“潜龙三号”具备微地貌成图、温盐深探测、甲烷探测、浊度深测、氧化还原电位探测等功能。

它能够自动驾驶，自动采集数据，通过图像处理来识别障碍物和周围环境，自动规避障碍物，像鱼一样灵活自如。

“海龙Ⅲ”无人缆控潜水器

“海龙Ⅲ”是国内首台6000米级勘察作业型无人缆控潜水器，也是中国“蛟龙探海”工程重点装备。它装有多个高清水下摄像头，能够满足深海观测、拍摄的需要，并配有虹吸式取样器、岩石切割机、沉积物保压取样、前视声呐等特种工具，具备自动避让障碍物、深海定位能力。

“海龙Ⅲ”无人缆控潜水器能够进行海底自主巡线和重型设备作业，还可以进行大跨度、远距离近底观测取样，并进行精细化定点作业，堪称我国最优秀的深海利器之一。

第四节 多才多艺的机器人

人工智能（AI）技术的发展是当代科技发展的主要方向之一，从技术发展历程来说，机器人的发展已经历了三代：第一代为编程机器人，第二代为感知机器人，第三代为智能机器人。

生活中，活跃在不同领域的智能机器人有很多，比如分拣机器人、机器人服务员、导诊机器人、机器人棋手等。

1 分拣机器人

分拣机器人主要用于对货物进行分拣，比如英国人发明的遥控式土豆分拣机器人，只需在显示屏幕上用指示棒碰一下烂土豆图像，机器人便可以把烂土豆挑拣出来扔掉。

原理在于腐烂的土豆对红外线反射和好土豆不同，机器人自身配备的电子光学系统能够识别这种差异，分拣机器人据此就可以分辨出好土豆和坏土豆并进行分拣。

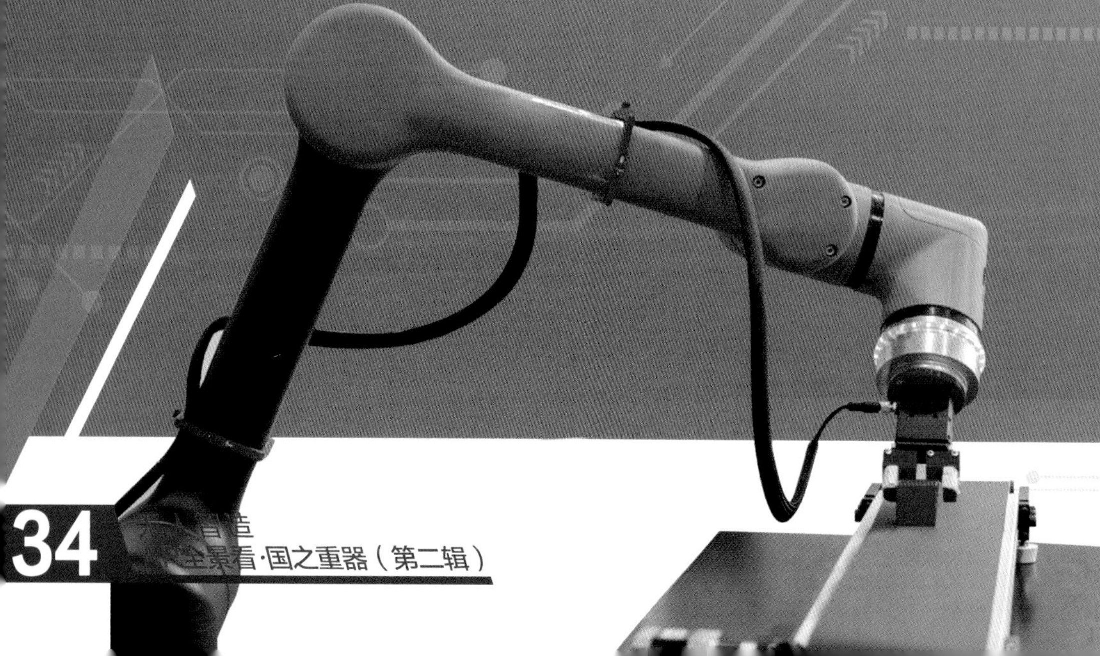

2 机器人服务员

以机器人为主题的餐厅内，行走的机器人服务员能够和顾客打招呼，还可以为顾客点菜。不过，它们每连续工作5个小时就需要充两个小时的电才能继续工作。

有趣的是，机器人的脸上可以呈现十多种表情，还会说基本的迎客用语。但需注意的是，点餐时要对机器人服务员说菜单的编号，点餐时语音要尽量清晰洪亮，然后再等机器人服务员的答复确认。

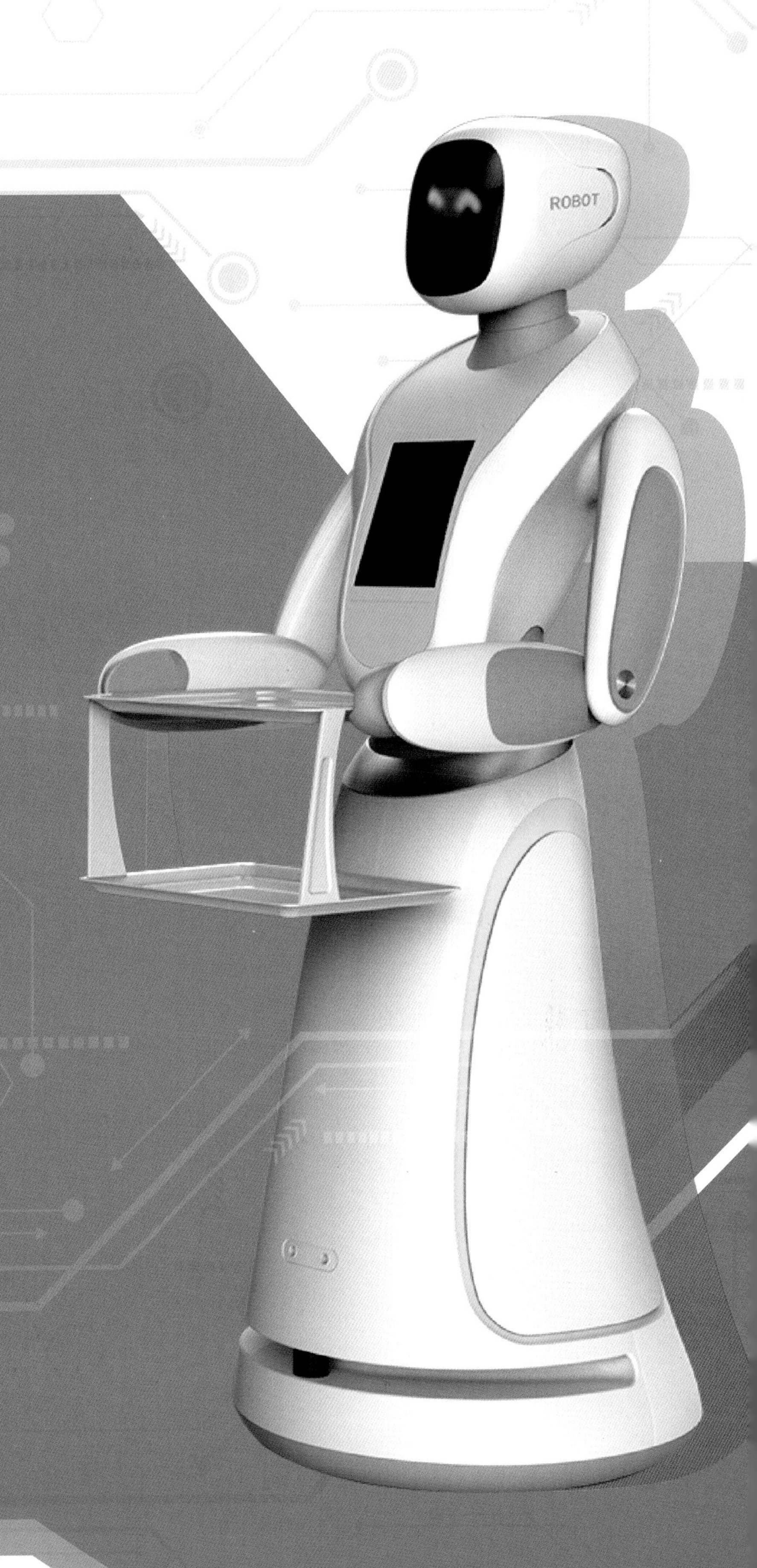

3 导诊机器人

机器人在医院里的应用主要为导诊，导诊机器人在医院人满为患的情况下，可以指导患者就医，引导分诊，向患者介绍医院就医环境、门诊就诊流程和医疗保健知识等。

导诊机器人能通过语音识别、语音合成和自然语言理解等技术，以多种方式与患者进行交流，从而改善患者的就医体验，提高医疗服务质量，这也是医院打造智慧医疗的重要组成部分和具体体现。

4 机器人棋手

2016年3月，谷歌开发的人工智能机器人“阿尔法狗”首次战胜了围棋世界冠军，引发社会各界的热议。

此后，“阿尔法狗”以“大师”玛斯特为名在中国棋类网站上注册，并与中、日、韩数十位围棋高手对决，创造了连续60局无败绩的神话。

不过，仅一年后的2017年10月，谷歌就发布了升级版围棋机器人“阿尔法狗”，据悉，升级后的“阿尔法狗”经过3天自主学习就战胜了玛斯特，堪称迄今为止最强围棋机器人。

第四章 面向未来

神话般的无人技术，难免会促发科学家们对无人技术未来应用的种种神话般想象，只要科学的触角所及，就会伴随对无人技术应用的希冀。

从对广袤宇宙的探索，到对宇宙能源的获取；从非接触战争，到人类的永生。诸如此类的设想并非只是科幻式想象，有些设想正在紧锣密鼓地实施。

人类——似乎从来没有像今天这样距离拥有“神”的能力如此之近。

第一节 临近空间的太阳能无人机使者——飞云工程

飞云工程是航天科工集团制定并实施的“五云一车”（飞云、快云、行云、虹云、腾云、飞行列车）商业航天工程之一，基本设想是使用临近空间太阳能无人机，搭载相关设备，构建一个空中局域网，对偏远地区实现通信全覆盖，并为通信、遥感监测等应用提供应急保障。

临近空间，指的是距地面高度在20千米到100千米之间的区域。临近空间的太阳能无人机就是能够自主获取太阳能作为飞行动力，并具备数天甚至数月续航能力的无人机。

目前，飞云工程已开始实施，并取得了阶段性成果。

第二节 借助机器人实现永生的疯狂设想——“阿凡达”计划

永生是人类一个历史久远的梦想，科技能否帮助人类实现永生则是一个极具诱惑力的课题。与已故科学家霍金令人震惊的预言——“人类将于2045年实现永生”相对，俄罗斯一位亿万富翁也发起了一个“2045年永生人”计划，也称“阿凡达”计划。

这个计划的技术路线为：研发人形机器人—使用脑机接口（BCI）控制人形机器人—实现意识转移—研发人造大脑保存意识—以虚拟的形象来存诸“人格或心灵”—永生。

不过，科学目前尚未对心灵有本质认识，这项计划能否顺利实现尚需等到2045年才能揭晓。